图书在版编目（CIP）数据

我的手绘博物馆. 自然奇迹 / （法）维尔吉妮·阿拉
德基迪著；（法）艾玛纽埃尔·楚克瑞尔绘；张伟译.
--郑州：大象出版社，2021.3
　　ISBN 978-7-5711-0916-5

　　Ⅰ．①我… Ⅱ．①维… ②艾… ③张… Ⅲ．①科学知
识—少儿读物②自然科学—少儿读物 Ⅳ．①Z228.1
②N49

中国版本图书馆CIP数据核字（2020）第258995号

我的手绘博物馆　自然奇迹
WO DE SHOUHUI BOWUGUAN　ZIRAN QIJI

［法］维尔吉妮·阿拉德基迪　著
［法］艾玛纽埃尔·楚克瑞尔　绘
张伟　译

出 版 人　汪林中
选题策划　北京浪花朵朵文化传播有限公司
出版统筹　吴兴元
编辑统筹　张丽娜
责任编辑　王　冰
特约编辑　马　丹
责任校对　毛　路
营销推广　ONEBOOK
美术编辑　王晶晶
装帧制造　墨白空间·王茜
排　　版　赵昕玥
出版发行　大象出版社（郑州市郑东新区祥盛街27号　邮政编码 450016）
　　　　　发行科　0371-63863551　总编室　0371-65597936
网　　址　www.daxiang.cn
印　　刷　北京盛通印刷股份有限公司
经　　销　全国新华书店
开　　本　889 mm×1194 mm　1/16
印　　张　4.75
字　　数　80千字
版　　次　2021年3月第1版　2021年3月第1次印刷
定　　价　68.00元

读者服务：reader@hinabook.com 188-1142-1266
投稿服务：onebook@hinabook.com 133-6631-2326
直销服务：buy@hinabook.com 133-6657-3072
官方微博：@浪花朵朵童书

我的手绘博物馆
自然奇迹

[法] 维尔吉妮·阿拉德基迪 著　　[法] 艾玛纽埃尔·楚克瑞尔 绘　　张伟 译

My Hand-Drawn Museum

中原出版传媒集团
中原传媒股份公司

大象出版社
·郑州·

生机盎然的大自然里，极限无处不在！

你是否知道……

有些昆虫，比法式巧克力面包还要重；

有一种花，比最高大的人还要高；

有些鸟，飞得比高速列车还要快。

这本书将向大家介绍"自然之最"：最重的、最轻的、最高的、最矮的、最快的、最慢的、最长寿的、最短命的……

大自然的自我塑造成就斐然、硕果累累。从这个角度去欣赏大自然，你会发现，它从不平庸，处处充满奇迹，时时带给我们惊喜。只要你拥有一双善于发现的眼睛和一颗开放包容的心——相信所有的不可能，其实皆有可能！

在这本书里，动物（哺乳动物、鸟、鱼、昆虫）、植物，乃至地球上的水体、陆地和山峰，都将揭开自己的面纱，向我们展示它们最为惊人的一面。这本书的分类方式，有助于激发孩子们对大自然的兴趣，让他们将这些"自然之最"牢记于心，继续探索这个奇妙的世界。

在这本书里，维尔吉妮·阿拉德基迪为大家介绍了百余种动物、植物和自然风光，科学插画家艾玛纽埃尔·楚克瑞尔将它们画成了插图。插图绘制科学而精准，黑色线条是用德国红环画笔勾勒而成，水彩画法增强了上色部分的透明感，使这些动植物和自然风光栩栩如生。

目 录

你知道在自然界中什么是……

翻至相应页码
找答案

世界上现存最大的动物

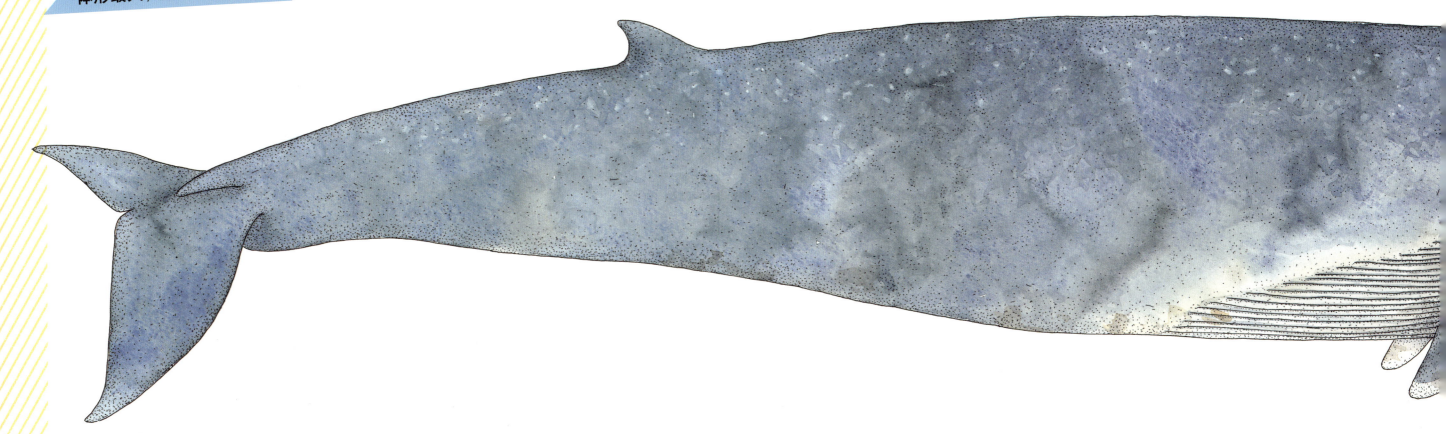

蓝鲸

拉丁学名：*Balaenoptera musculus*

纲：哺乳纲

蓝鲸体长 21~33 米，相当于两三辆大型公交车的长度，重达 170~180 吨。地震龙是已知的所有恐龙中体形最大的史前动物，体重一般为 80~100 吨，但若与蓝鲸相比，就相形见绌了。蓝鲸浮出海面时，呼出的气流可达 12 米。它的胸鳍长 3~4 米，嘴巴上长有 300 多根鲸须，每根鲸须都约有 1 米长。蓝鲸在世界各大海域均有分布。

更多信息

- 蓝鲸的心脏重约 600 千克（相当于一辆微型轿车的重量）。
- 蓝鲸平均每天要吃掉 4 吨左右的食物，也就是说，每分钟至少要吃 2 千克！
- 蓝鲸能潜入海底约 500 米的深处。
- 借助尾巴的推力，蓝鲸平均每小时能游 30 千米。

翻至相应页码
找答案

最大的洲

很难围着它走一圈！

亚 洲

亚洲的面积约为 4400 万平方千米，相当于欧洲面积的 4 倍。亚洲的人口约为世界总人口的 60%。亚洲共有 48 个国家，和非洲相比，这个数量并不算多，因为非洲有 60 余个国家和地区。科学界将世界划分为 6 个大陆，欧洲和亚洲是一个整体，被称为"亚欧大陆"。其他的 5 个大陆分别是南美大陆、北美大陆、非洲大陆、澳大利亚大陆和南极大陆。

珠穆朗玛峰

珠穆朗玛峰最新高程为 8848.86 米。它位于中国和尼泊尔交界处的喜马拉雅山脉中段，峰顶是地球上最高的点。侵蚀作用塑造了珠峰的形态，它的山体呈金字塔状，三面均被冰川覆盖。珠穆朗玛峰常年积雪，冬天，山顶的温度可低至零下 60℃，夏季也只有零下 19℃。

最高的山峰

山顶还很远吗？

更多信息

银牌得主
世界第二高峰是乔戈里峰（简称 K2），海拔 8611 米，是喀喇昆仑山脉的主峰，位于中国同巴基斯坦实际控制区域之间的边界上。

太平洋

太平洋的面积是亚洲大陆面积的 4 倍，约为 18 000 万平方千米。太平洋被 500 多座火山环绕，形成了一个"环太平洋火山带"。这些火山在环太平洋地带经常引发地震和海啸。16 世纪初，欧洲人曾将太平洋称为"南海"。

最大的海洋

无边无际！

海洋里叫声最大的动物

好吵啊!

长须鲸

拉丁学名：*Balaenoptera physalus*

纲：哺乳纲

雄性长须鲸时而发出浑厚的中音，时而发出高亢的高音，时而又发出温柔的低吟。这种由不同音调混杂的声音能传至几百千米之外。假如长须鲸吼叫时，我们恰巧在它的身旁，会觉得那声音简直比一架空客飞机起飞的声音还要震耳欲聋！这种声音是雄性长须鲸与雌性长须鲸交流时发出的声音，我们把它称为"鲸歌"。鲸歌长达7~15分钟，由好几组音调构成，每组音调持续7~26秒。人类航海产生的噪声妨碍了雄鲸和雌鲸之间的互动，也影响了这一物种的繁殖。

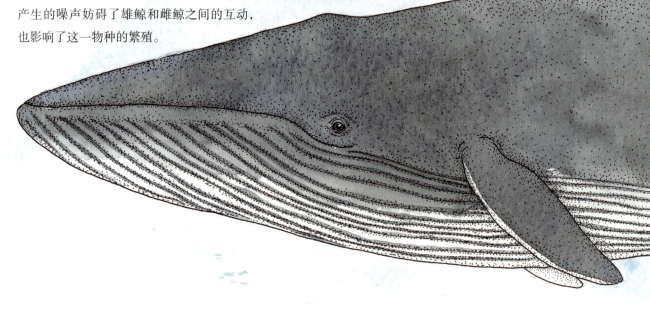

并列冠军

蓝鲸的叫声和长须鲸的一样大，它发出的低频率叫声人耳无法听到，但在海水中能传到几百千米之外。（又见第8页）

陆地上叫声最大的
两种哺乳动物

红吼猴

拉丁学名：*Alouatta seniculus*

纲：哺乳纲

红吼猴生活在美洲的热带地区，常在树丛中群居，每个族群有 5~10 只。正如它们的名字一样，红吼猴能够依靠发达的喉部，发出极其有力的吼叫声，其叫声可传至 5 千米远。它们常在夜晚或黎明时分发出吼叫声，以此来警示其他族群，不得擅入它们的领地。遇到危险时，它们也用吼叫声警示同伴。它们之间发生冲突时并不会大打出手，而是通过吼叫"一决高下"。

非洲草原象 [1]

拉丁学名: *Loxodonta africana*

纲: 哺乳纲

非洲草原象吼叫时, 我们在 2 千米以外也能听到。它能发出很多种声音, 有的听起来像喇叭声, 有的听起来像鼾声……非洲草原象还能发出次声波, 人类的耳朵听不到这种声音, 非洲草原象却能依靠它和几千米以外的同伴交流。

（又见第 41 页）

安静点儿吧!

[1] 动物学界认为非洲象包含两个物种——非洲草原象和非洲森林象。但很多动物保护机构仍然将它们视为一个物种, 理由是在分布重叠区两者可以进行繁殖。——编者注

大象用长鼻子发出叫声。它的长鼻子是上唇的延伸部分, 由 4 万多块肌肉组成。吼叫时, 它的长鼻子竖起来, 发出像喇叭声一样的声音。

更多信息

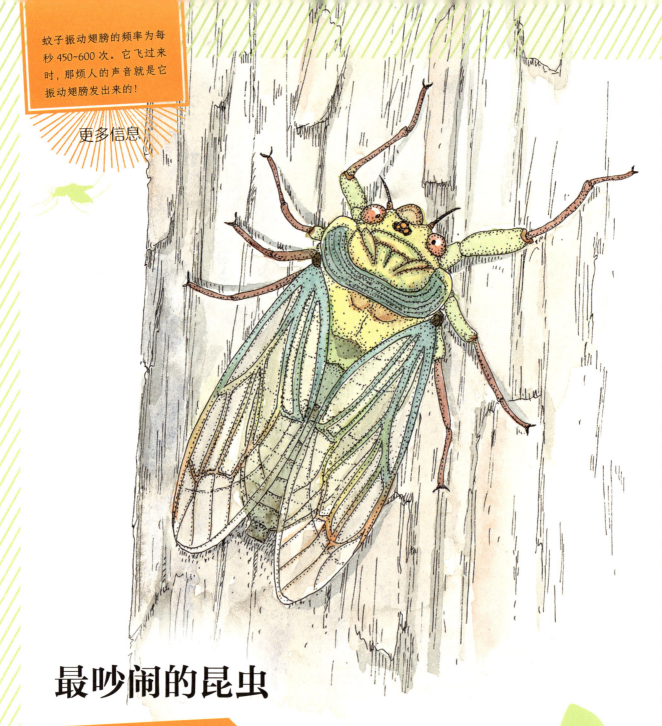

更多信息

蚊子振动翅膀的频率为每秒 450~600 次。它飞过来时，那烦人的声音就是它振动翅膀发出来的！

最吵闹的昆虫

虽然小，却很聒噪！

澳大利亚蝉

拉丁学名：*Cyclochila australasiae*

纲：昆虫纲

一只雄性澳大利亚蝉发出的声音和一枚手榴弹爆炸的声音一样响亮，人们在 400 米以外都能听到它的叫声。和所有种类的蝉一样，澳大利亚蝉也是无脊椎动物，腹基部长有发音器，发音器外层有一对半圆形的音盖，内侧有一层薄膜，薄膜与蝉体内的鸣肌相连，鸣肌伸缩牵引薄膜振动，蝉就会发出持续不断的吱吱声。又因音盖和薄膜之间是空的，能引起共鸣，蝉的叫声才会格外响亮。所以人们常常把蝉比作击钹者。

更多信息

相对于体长而言，2 毫米划蝽（拉丁学名：*Micronecta scholtzi*）是地球上声音最响亮的昆虫。划蝽用生殖器摩擦腹部发出的声音，人们在 1 米之外也能听到！

啼鸣声最大的鸟

呜呜——咕咕——

鸮（xiāo）鹦鹉

拉丁学名：*Strigops habroptilus*

纲：鸟纲

鸮鹦鹉长着黄绿相间的羽毛，是一种夜行性鹦鹉，以群居的
方式生活在新西兰南部的小岛上。相对于体形而言，它的
翅膀较短，而且缺少一根能控制飞行肌的胸骨，因而不能飞
行。雄性鸮鹦鹉发出变化多端的响亮叫声，吸引雌性鸮鹦鹉。它鼓起
前胸的气囊，连续发出约 20 次的"呜呜"声，随后再发出一声洪亮的"咕
咕"声。一组叫声结束后，它低下头，平静片刻，继而再次鼓起前胸的气
囊，开始下一组鸣叫。如果刮风的话，这种叫声能顺风传播 5 千米。在
3~4 个月的繁殖期，雄性鸮鹦鹉每晚能鸣叫 8 小时之久！

更多信息

目前世界上鸮鹦
鹉数量只有 200
多只。

/17/

最具危险性的动物

说到动物的危险性，如果将它们每年在全世界导致人类死亡的数量作为评比标准的话，那么以下这10种动物对人类来说危险性最大。

⑨

剧毒水母每年导致约170人死亡。

③

蝎子每年导致约5000人死亡，主要发生地为非洲（毒性最大的蝎子生活在撒哈拉沙漠）。蝎子的尾巴末端有一根螫针，这根螫针与毒腺相连接。世界上共有1000多种蝎子，其中仅20余种对人类构成威胁。

⑩

鲨鱼中攻击性最强的当属鼬鲨，每年致死人数为30~100人。

⑥

蜜蜂每年导致约400人死亡。蜜蜂蜇人之后，螫针会留在人类的皮肤里，毒液会扩散到人体内，无论毒液多少，都会引起过敏反应。

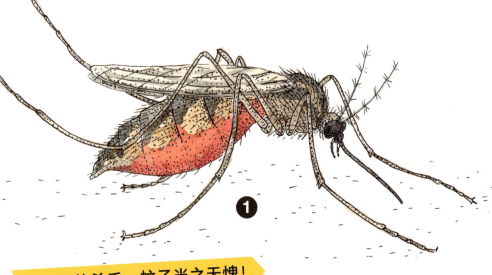

①

最凶猛的杀手，蚊子当之无愧！

根据世界卫生组织提供的数据，蚊子中的**按蚊**每年致死人数近50**万人**。雌性按蚊在200米之外就能闻到人类的气味。雌性按蚊通常在晚上叮咬人类，并将一种寄生虫传播到人体的血液里，这种寄生虫会引发感染性疾病，即疟疾（俗称"打摆子"），感染者会发烧或腹泻。疟疾的易感地区通常是非洲、亚洲和南美洲的农村地区。

更多信息

通过对埃及法老图坦卡蒙木乃伊的DNA检测，人们发现，3000多年前，这位法老死亡时患有疟疾。

4

鳄鱼每年导致约 2000 人死亡。

8

河马是最具危险性的非洲动物之一，每年可导致约
200~500 人死亡。河马属于杂食性动物，平时喜欢
待在水里，但如果人类进入它们的领地，它们也会
发起攻击。

5

非洲象和亚洲象每年导致约 600 人死
亡——在它们面前，人类的体重简直
不值一提！

2

蛇每年的致死人数约为 10 万
人。目前已发现的蛇的种类有
2500 多种，但其中仅有 10%
对人类构成威胁。其中毒性最
大的是生活在澳大利亚沙漠地
区的细鳞太攀蛇（拉丁学名：
Oxyuranus microlepidotus）。

7

猫科动物，如狮子、非洲豹和猎
豹，它们每年导致约 250 人死亡。

产崽最多的哺乳动物

普通马岛猬

拉丁学名：*Tenrec ecaudatus*

纲：哺乳纲

这种食虫目动物每年有两次怀胎期，每次产崽数量能达到 32 只。它长有 24 个乳房，是乳房数量最多的哺乳动物。它的原生地在马达加斯加（所以人们有时也称它为"马达加斯加的刺猬"），但也存活于印度洋的一些岛屿上。普通马岛猬的体重约为 1~2 千克。

更多信息

产崽最多的犬科动物为北极狐（拉丁学名：*Alopex lagopus*），每个怀胎期平均产崽 11 只（赤狐是 6 只），幼狐以旅鼠和大雪雁的蛋为食。

20

孵育量最多的鸟

大家庭！

更多信息

家鸽每年孵化幼鸟的数量和山齿鹑不相上下。它每年能孵育 8 窝小鸽子，每窝孵 2~3 个蛋。

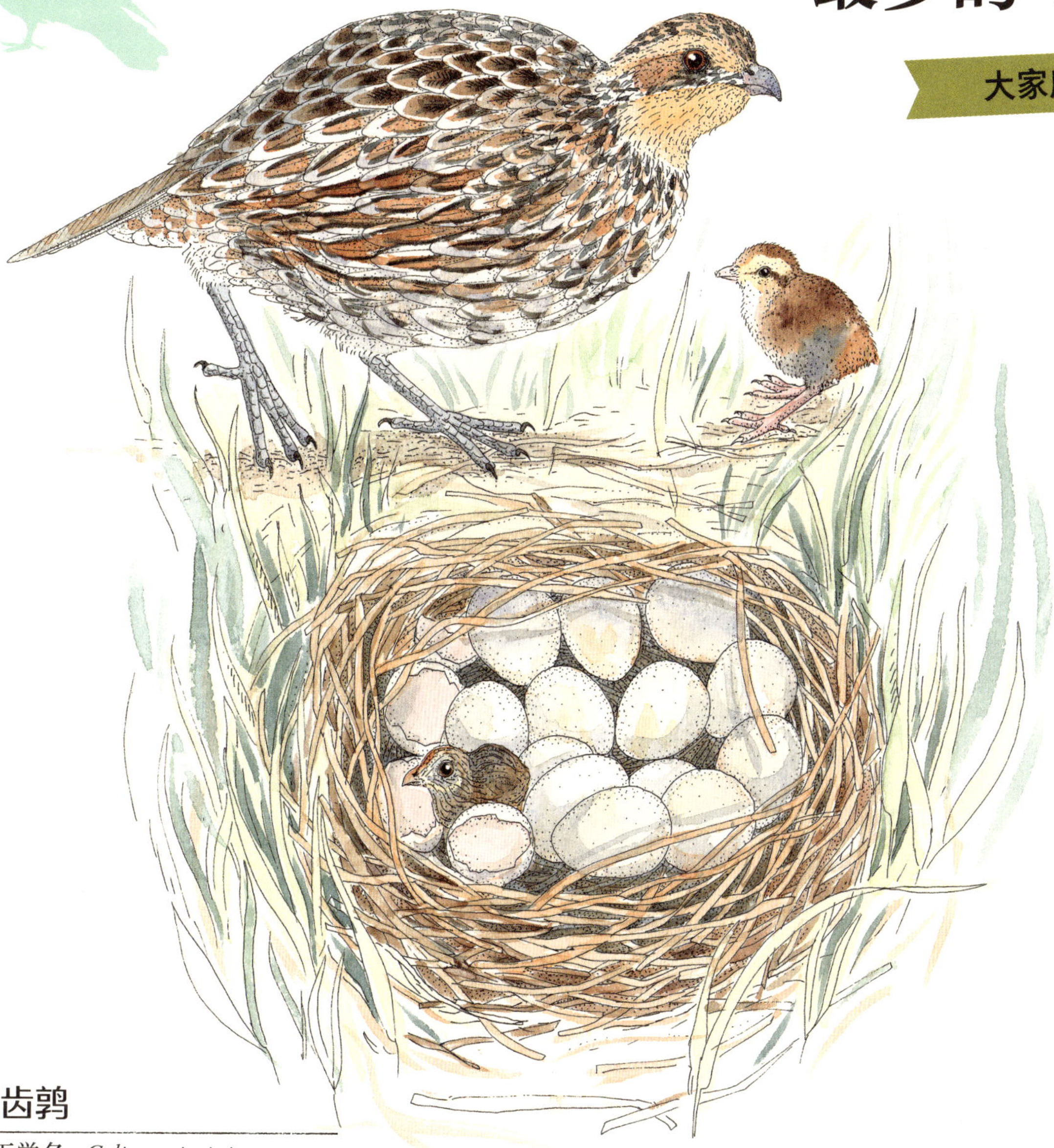

山齿鹑

拉丁学名：*Colinus virginianus*

纲：鸟纲

山齿鹑是一种鸡形目鸟类，原生地在美洲。它们可是个大家族！在繁殖期，它们几乎每天产一个蛋，可以持续 18~20 天。平均一窝可孵 15 个蛋，孵蛋期为 23 天。雌性山齿鹑在地上做窝：它先在地上跑出一个浅坑，然后在里面垫上树枝，最后铺上草。山齿鹑妈妈和爸爸都会照顾刚出壳的幼鸟。出壳后的幼鸟只会行走，两周之后才能掌握飞行的本领。

更多信息

水禽一次产 4 个蛋，而鸣禽则是 4~6 个蛋。帝企鹅每次仅产 1 个蛋，并由雄性帝企鹅独立完成孵化幼鸟的任务。

最大的淡水湖

是不是有点口渴？

苏必利尔湖

苏必利尔湖位于加拿大和美国之间的五大湖群北部。相对于该湖群中其他的湖而言，苏必利尔湖的海拔最高，它也正是因此得名[①]。一万年前，冰川融水形成了苏必利尔湖，近200条河流为它补给水源。苏必利尔湖东西长563千米，南北最宽处257千米，面积为82 100平方千米。平均湖深为148米，个别地点则深达406米。苏必利尔湖的淡水储量为12 234立方千米，约占整个地球淡水总储量的10%。

① 苏必利尔湖名字来源于其法语名称的音译，法语原名为 Le Lac Supérieur，其中 supérieur 的意思是"最高的"。——译者注

更多信息

贝加尔湖位于俄罗斯东西伯利亚高原南部，面积约只有苏必利尔湖的1/3。贝加尔湖的平均宽度仅48千米，但蓄水量却是苏必利尔湖的2倍，其蓄水量高达23 000立方千米，占地球淡水总储量的20%，是地球上最深、淡水储量最大的湖。

安赫尔瀑布

安赫尔瀑布位于委内瑞拉，落差 979 米，是世界上落差最大的瀑布。当地人将四面都是峭壁的平顶山统称为"特普伊山"，奥扬特普伊山是其中最著名的一座，而安赫尔瀑布正是发源于该山山顶。1935年，美国飞行员詹姆斯·安赫尔发现了这个瀑布，并为它取名安赫尔瀑布。在此之前，当地的印第安人称它为"丘伦梅鲁瀑布"。

落差最大的
瀑布

多么壮观的景象啊！

胃口最大的昆虫

饥肠辘辘！

多声大蚕蛾

拉丁学名：*Antheraea polyphemus*

纲：昆虫纲

这种夜行性蚕蛾在幼虫时期称得上是大胃王！相比刚从卵中孵化出时的重量，多声大蚕蛾在整个幼虫期体重会增长 86 000 倍！它们生活在北美洲的栎树和桦树上。

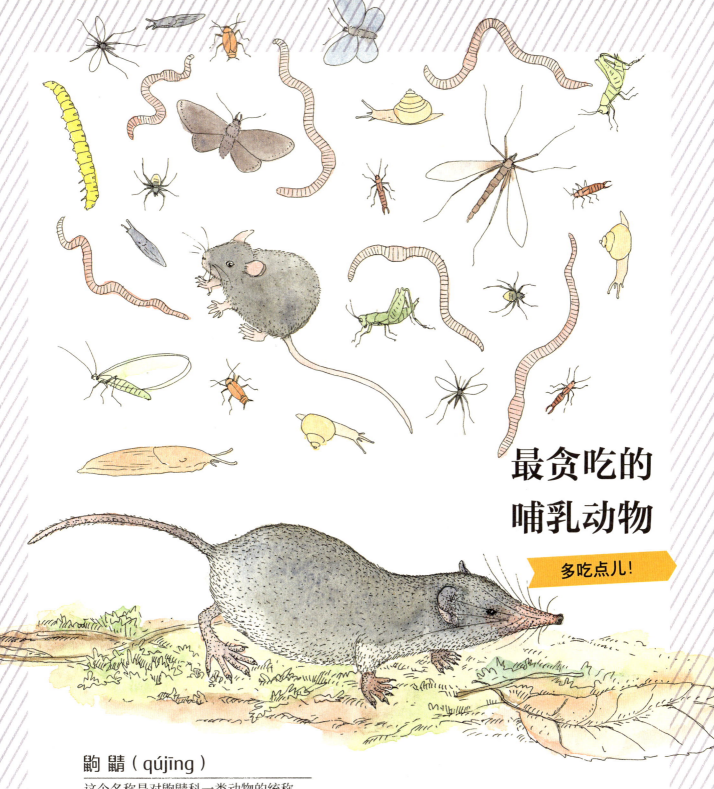

最贪吃的哺乳动物

多吃点儿!

鼩鼱（qújīng）

这个名称是对鼩鼱科一类动物的统称

纲：哺乳纲

鼩鼱每天的食量是它自身重量的 2~3 倍，因此，相对于自身体形来说，它们是最能吃的哺乳动物。它们只有日夜不停地吃，才能存活下去。鼩鼱用鼻子在地面寻找食物，主要以昆虫为食，其次是蜘蛛、蚯蚓，有时还吃蜥蜴、老鼠，甚至同类！鼩鼱也有盲肠生成这种消化行为：它们吃进去的一部分食物被消化为软粪，经由肛门排出后被它们吃掉。这种软粪为它们提供了维生素B 和维生素 K。但是排出的固体粪便鼩鼱是不会吃的。

更多信息

在所有的哺乳动物中，鼩鼱的心率最快：它的心脏每秒跳动 15~23 次，而人类的心脏每秒最多跳动1~2 次。

蜂鸟，
鸟类中的冠军

蜂鸟鸣叫的频率非常高，所以人类的耳朵听不到。

蜂鸟的五项记录

• 蜂鸟是世界上最小的鸟，共有300多种，主要分布在美洲，体长5.7~20厘米。它们的体色与花朵的颜色一样五彩斑斓，捕食者很难发现它们。

• 蜂鸟的翅膀振动速度最快，悬停时平均每秒振翅达90次。吸蜜蜂鸟求偶时每秒能振动翅膀200次。

• 蜂鸟心率最快，每秒能跳动10余次。

• 只有蜂鸟既会向前飞行又会向后倒退飞行。

• 蜂鸟是最能吃的鸟。它们悬停在空中进食，用舌头吸食花粉和捕捉节肢动物。它们获取的能量，相当于人类一天吃掉3倍于自己体重的土豆所获取的能量。

速度最快的动物

安氏蜂鸟

拉丁学名：*Calypte anna*

纲：鸟纲

安氏蜂鸟体长10厘米——相对于体形而言，它们的飞行速度比航天飞机还要快。求偶时，它们的俯冲速度能达到每小时90千米——相对于体形来说，它们是世界上速度最快的动物。

吸蜜蜂鸟

拉丁学名：*Mellisuga helenae*

纲：鸟纲

吸蜜蜂鸟（又名神鸟）仅生活在古巴。连同喙部和尾巴在内，雄性吸蜜蜂鸟的平均体长为 5.7 厘米，体重约 1.6 克。吸蜜蜂鸟的窝又窄又深，尺寸与一枚顶针相当。它们的蛋大小为 9 毫米，和一颗四季豆一样大，重 0.3 克，是世界上最小的蛋。

最小的蜂鸟

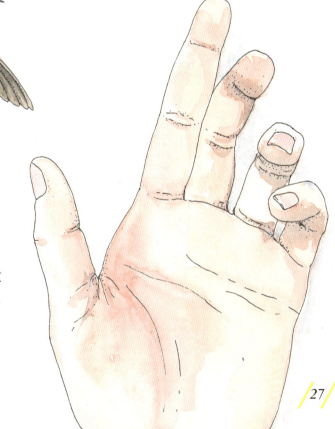

小吸蜜蜂鸟

拉丁学名：*Mellisuga minima*

纲：鸟纲

小吸蜜蜂鸟分布于中美洲，体长约 6 厘米，体重仅有 2.1 克。它们的窝只有半个核桃壳那么大，蛋的大小不到 1 厘米。

最强壮的动物

牛头嗡蜣螂

拉丁学名: *Onthophagus taurus*

纲: 昆虫纲

牛头嗡蜣螂是一种鞘翅目昆虫，雄性牛头嗡蜣螂能推动比自身重 1141 倍的东西，相当于一个人推动 6 辆公交车！牛头嗡蜣螂依靠这种力量来繁育后代——雄性牛头嗡蜣螂们在粪堆下的隧道内狭路相逢，用头上的角进行决斗，最后的获胜者才能与雌性牛头嗡蜣螂交配。所以小牛头嗡蜣螂们都继承了父亲强大的基因。牛头嗡蜣螂就像一个高水平的斗士一样坚守着自己的食物，一旦食物失守，就说明这只牛头嗡蜣螂已经年老体衰了。

更多信息

牙买加犀金龟(拉丁学名: *Xyloryctes thestalus*) 能举起比自身重 100 多倍的东西。蚂蚁也能举起比自身重 50 倍的东西。

海豚

这个术语是对海豚科一类动物的统称

纲：哺乳纲

海豚具有自我意识，能与同类合作。有自己的"语言"，它们的"语言"由不同的声波和超声波组成。它们有极强的方向感，并对周围的环境有强烈的感知。它们是智慧的象征！

最聪明的动物

这些动物可一点都不笨！

大猩猩、黑猩猩和红毛猩猩

纲：哺乳纲

经过人类的训练后，这些猿类动物能够模仿训练者，能看懂并运用一些肢体语言，且有适应突发状况的能力。

最长的河流 ①

坐上你的独木舟吧！

亚马孙河

亚马孙河位于南美洲，长 6480 千米，1000 千米以上的支流有 20 多条。它发源于秘鲁南部的安第斯山脉。这是一条难以测量的河流！首先，必须确定它的源头，然而某个源头很可能只是一个支流的源头。这条长长的水域拥有许多支流，却并不按最远的那条支流命名。其次，它的入海口也很难界定，入海口有可能是一条河湾，有可能是一个河口，会随着季节的变化而变化。

① 经全球地理学者考证，尼罗河为世界第一长河，亚马孙河为世界长度第二、流量第一的河流。——编者注

30

更多信息

世界第一长河是位于非洲的尼罗河，长度为 6671 千米。该河上源为布隆迪和卢旺达交界处的卡盖拉河。

最大的岛屿

这的确是一座岛，但岛上没有棕榈树！

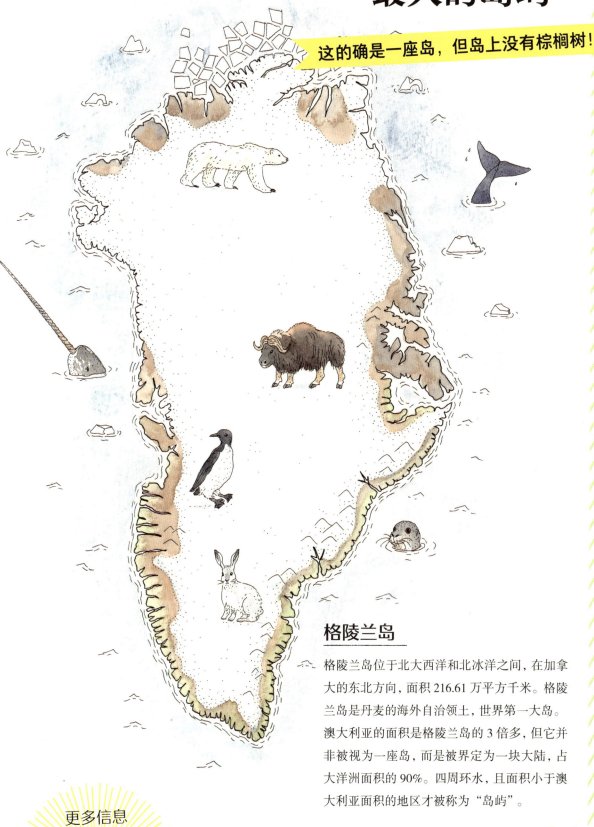

格陵兰岛

格陵兰岛位于北大西洋和北冰洋之间，在加拿大的东北方向，面积216.61万平方千米。格陵兰岛是丹麦的海外自治领土，世界第一大岛。澳大利亚的面积是格陵兰岛的3倍多，但它并非被视为一座岛，而是被界定为一块大陆，占大洋洲面积的90%。四周环水，且面积小于澳大利亚面积的地区才被称为"岛屿"。

更多信息

- 亚洲最大的岛屿是加里曼丹岛。
- 非洲最大的岛屿是马达加斯加岛。
- 欧洲最大的岛屿是大不列颠岛。

世界上最古老的树木是大盆地刺果松（拉丁学名：*Pinus longaeva*），它弯曲盘错，被称为树木界的"玛士撒拉"[①]，至今已有5000多岁。它生长在美国加利福尼亚州，具体位置至今仍是一个秘密。

[①] 玛士撒拉是《圣经》中的人物，在西方，人们常用玛士撒拉形容非常高寿的人。——译者注

大自然中的"寿星"

虽然年事已高，却非风烛残年！

从有机体的定义来看，所有活着的有机体都会死亡。但有些有机体却仿佛长生不老！

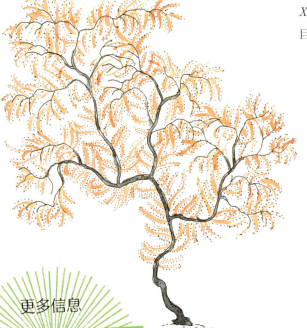

生长在热带海域的**黑珊瑚**（拉丁学名：*Antipathes sp.*）年龄可达2000岁。

加勒比海的**巨桶海绵**（拉丁学名：*Xestopongia muta*）是一种形似水桶的巨型海绵，寿命可达2500岁。

更多信息

寿命最短的动物是蜉蝣目（*Ephemeroptera*）昆虫。它的成虫（脱皮羽化的虫子）寿命只有几小时至一周左右。

黑露脊鲸（拉丁学名：*Eubalaena glacialis*），这种海洋哺乳动物长着一个白色的弓形下颌，寿命可达 200 岁。

人类（智人）的寿命最长可达 122 岁，是陆地上寿命最长的哺乳动物。

加拉帕戈斯象龟（拉丁学名：*Chelonoidus elephantopus*）是一种陆生龟，分布在太平洋东部的科隆群岛（又称加拉帕戈斯群岛）的 9 个小岛上。它的寿命可达 200 岁。它的身体仅在前 40 年内生长发育。

冰岛北极蛤（拉丁学名：*Arctica islandica*）是一种双壳类软体动物，生活在北大西洋，能活 400 多岁。通过北极蛤外壳上的纹路数量，可以判断出它的年龄。

更多信息

在大型哺乳动物中，地域分布最广的是人类。相对于体形而言，人类的大脑是哺乳动物中最大的。

最寒冷的地方

如果说那里荒无人烟，真是毫不夸张！

南极洲

1983 年 7 月 21 日，南极洲的温度达到了零下 89.2 ℃，是迄今为止地球上出现过的最低温度。南极洲的风速也是世界上最大的——最大可达每小时 324 千米。这里的冰层最大厚度可达 4.75 千米，所以它又是世界上海拔最高的洲。假如南极的冰层全部融化了，海平面将会上升 60 米！

/34/

更多信息

南极洲拥有世界上最大的淡水储量。

在世界最炎热地方的排行榜上，伊拉克巴士拉位列第一。1921年7月8日，这里的气温达到了世界最高气温记录——58.8℃。

更多信息

死亡谷

死亡谷位于美国的加利福尼亚州。这片荒漠经常接连数年滴雨不下！1913年7月10日，这里的气温达到了世界最高气温记录——56.7℃。

最炎热的地方

在这里，羽绒服没有用武之地！

翼展最长的鸟

利用大翅膀在天空中翱翔！

漂泊信天翁

拉丁学名：*Diomedea exulans*

纲：鸟纲

漂泊信天翁是一种海鸟，它们的翼展是鸟类中最长的，可达 3.5 米。翼展能帮助它们在空中优雅地翱翔，但也会阻碍它们降落在地。雄性漂泊信天翁比雌性漂泊信天翁体形略大。求偶时，它们在地面上张开翅膀展示自己，并与雌性互相碰撞喙部。

最重的鸟

重得飞不起来！

非洲鸵鸟

拉丁学名：*Struthio camelus*

纲：鸟纲

非洲鸵鸟的平均体重为 90 千克，最重可达 150 千克，是世界上最重的鸟。虽然是鸟类，但它们却不会飞！在鸟类中，鸵鸟的体形也是最大的。（又见第 57 页）

更多信息

在会飞的鸟类中，灰颈鹭鸨（拉丁学名：*Ardeotis kori*）的体重最重，为 14~19 千克。这种鸟的原生地在非洲，它们虽然会飞，但大部分时间却是用有力的双腿在热带草原上行走或奔跑。

更多信息

雄孔雀长着长长的羽毛，这些羽毛被它拖在身后，长达 1.5 米，如同裙裾。雄孔雀求偶时，通过开屏的方式炫耀自己美丽的羽毛。

羽毛最长的鸟

把你的羽毛借给我吧！

白冠长尾雉（zhì）

拉丁学名：*Syrmaticus reevesii*

纲：鸟纲

白冠长尾雉是中国特有的鸟类。雄性白冠长尾雉尾巴上的羽毛长度可达 1.5 米。如果有敌人进入领地，雄性白冠长尾雉会抖开羽毛，拍动翅膀，并摆动下垂的尾巴，做出搏斗的姿势。在求偶的季节，它们会竖起尾羽，并轻轻摆动尾羽末端。

嘴巴最长的鸟

没有戴眼镜，却有一个漂亮的嘴巴！ [1]

澳大利亚鹈鹕（tíhú）

拉丁学名：*Pelecanus conspicillatus*

纲：鸟纲

澳大利亚鹈鹕分布在大洋洲。这种水鸟的喙部呈淡红色，长达 47 厘米。与所有鹈鹕科鸟类一样，它们的喙下长着喉囊，喉囊的作用如同渔网。澳大利亚鹈鹕捕鱼时，会把头扎进水中，当它们抬起头时，喉囊里满是水和鱼。然后它们把喙部靠在胸前挤压，水便流出来，食物则留在嘴里。

更多信息

鸟类中喙部最大的是巨嘴鸟（拉丁学名：*Rhampastos toco*），它的喙长约 20 厘米，宽约 7 厘米，可以轻易地啄到枝头的浆果。

[1] 在法语中，澳大利亚鹈鹕的名称是 Le Pélican à lunettes，这个词组的字面意思是"戴眼镜的鹈鹕"。——译者注

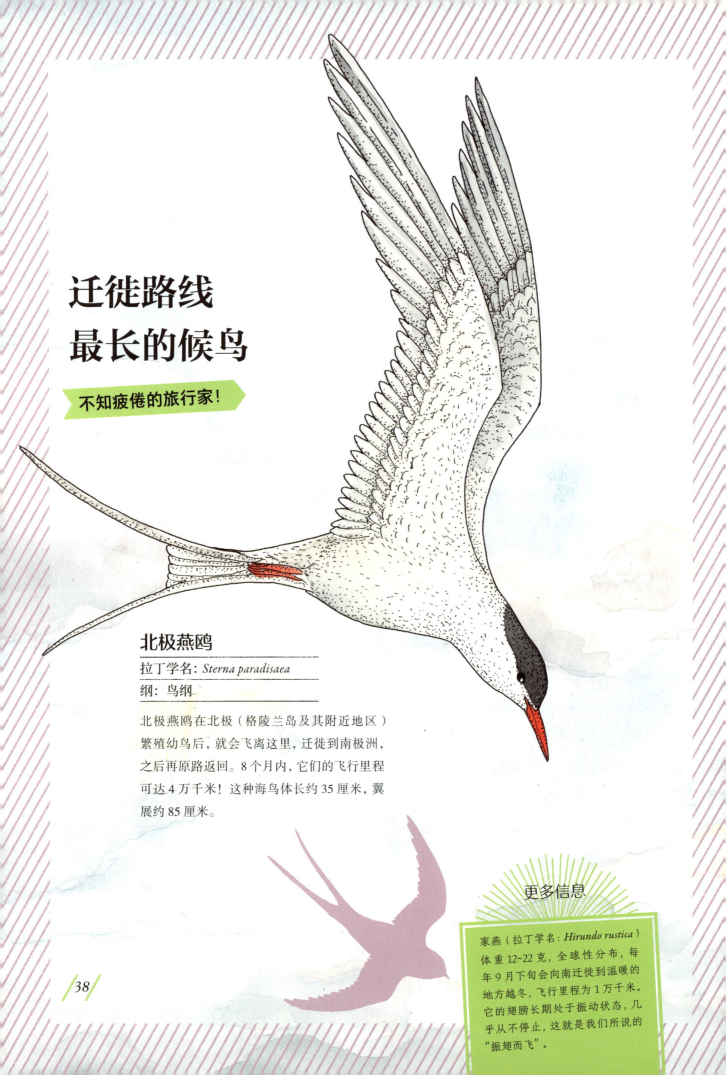

迁徙路线
最长的候鸟

不知疲倦的旅行家！

北极燕鸥

拉丁学名：*Sterna paradisaea*

纲：鸟纲

北极燕鸥在北极（格陵兰岛及其附近地区）
繁殖幼鸟后，就会飞离这里，迁徙到南极洲，
之后再原路返回。8个月内，它们的飞行里程
可达4万千米！这种海鸟体长约35厘米，翼
展约85厘米。

更多信息

家燕（拉丁学名：*Hirundo rustica*）
体重12~22克，全球性分布，每
年9月下旬会向南迁徙到温暖的
地方越冬，飞行里程为1万千米。
它的翅膀长期处于振动状态，几
乎从不停止，这就是我们所说的
"振翅而飞"。

持续飞行时间最长的鸟

它们能在空中做任何事！

普通楼燕

拉丁学名：*Apus apus*

纲：鸟纲

普通楼燕翅膀纤细，它们几乎一生都在空中飞行，就连交配，都是在空中进行的！它们会一边飞一边睡觉，这时它们的大脑有一部分处于休眠状态，另一部分则保持清醒！普通楼燕还可以一边飞，一边在空中捕食飞虫。一只普通楼燕能够持续飞行 10 个月不着陆。

39

陆地上最高的哺乳动物

高得出奇!

长颈鹿

拉丁学名：*Giraffa camelopardalis*

纲：哺乳纲

成年长颈鹿的脖子有 2 米长，雄性长颈鹿平均身高达 5.8 米（雌性长颈鹿身高略低，平均 4.3 米）。雄性体重约 1.5 吨，雌性体重约 1 吨。长颈鹿幼仔的个头就已经相当可观了——小长颈鹿出生时体长可达 2 米，重约 50 千克。出生时它们从妈妈 2 米多高的身体上掉下来，15 分钟后，就能站起来寻找妈妈的奶头了。

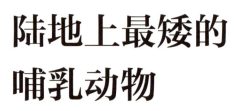

陆地上最矮的哺乳动物

比"大拇指汤姆"还小!

凹脸蝠

拉丁学名：*Craseonycteris thonglongyai*

纲：哺乳纲

凹脸蝠体长约 3 厘米，体重约 2 克。它们的翼展有 15 厘米长。人们也叫它们"大黄蜂蝙蝠"。雌性凹脸蝠一般一次只生一个幼仔。图中的凹脸蝠为实际大小。

更多信息

最大的猿类动物是大猩猩——它们直立时，身高可达 1.7 米。雄性大猩猩体重达 275 千克，雌性体重达 110 千克。

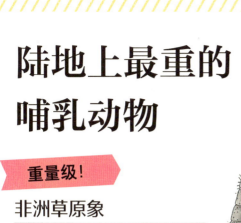

陆地上最重的哺乳动物

非洲草原象

拉丁学名：*Loxodonta africana*

纲：哺乳纲

非洲草原象重 6 吨，相当于一辆小型装载机的重量！雌性非洲草原象的怀胎期为 22 个月，小象出生时体重可达 120 千克。

（又见第 15 页）

陆地上最轻的哺乳动物

轻量级！

小臭鼩

拉丁学名：*Suncus etruscus*

纲：哺乳纲

这种鼩鼱科的小动物重 1.5~2.5 克，连同尾巴在内，体长 5~8 厘米。图中所画的小臭鼩为实际大小。

更多信息

最小的灵长目猴类动物是倭狨（拉丁学名：*Cebuella pygmaea*），也叫"鸟猴"，生活在亚马孙河流域上游地区，平均体重100 克，幼仔重 16 克。倭狨能跳 4~5 米高。它们坐在树叶上时，树叶纹丝不动。

最大的鱼

它需要一个大浴缸！

鲸 鲨

拉丁学名：*Rhincodon typus*

纲：软骨鱼纲

鲸鲨属于软骨鱼类，浑身布满斑点和纵横交错的色带，有如棋盘，是鱼类中体形最大的，体长一般 8~14 米，有的则长达 20 米。鲸鲨的游动速度缓慢，以浮游生物为食，不会攻击人类。

最小的鱼

这种小鱼长不大！

短壮辛氏微体鱼

拉丁学名：*Schindleria brevipinguis*

纲：硬骨鱼纲

短壮辛氏微体鱼（又叫胖婴鱼）个头极小，于 1979 年被发现，仅分布在澳大利亚大堡礁附近海域。雄性平均体长约 7 毫米，雌性平均体长约 8 毫米。短壮辛氏微体鱼眼睛大，无鳞片，除眼睛外全身都是透明的，生活在 15~30 米的海洋深处。

最大的
爬行动物

湾鳄

拉丁学名：*Crocodylus porosus*

纲：爬行纲

湾鳄重达 1 吨，最长 7 米。猴子、袋鼠、鱼类等都是它们的食物。淡水（沼泽地、港湾）和海水（亚洲和大洋洲的海岸地区）中都有它们的身影。湾鳄也曾在非洲生存过。

最小的爬行动物

它可不是蜥蜴！

侏儒壁虎

拉丁学名：*Sphaerodactylus ariasae*

纲：爬行纲

侏儒壁虎体长约 1.6 厘米（不包括尾巴），体重不到 1 克，相当于 1 分钱硬币那么大！ 2001 年，人们在贝阿塔岛（位于多米尼加共和国）发现了侏儒壁虎，但由于森林过度砍伐，这一物种濒临灭绝。

并列排名

43

体重与湾鳄并列第一的是尼罗鳄。

最重的昆虫

歌利亚大角花金龟

拉丁学名：*Goliathus goliatus*

纲：昆虫纲

歌利亚大角花金龟是一种鞘翅目昆虫，体长可超过 10 厘米（相当于小孩手掌的长度），体重可达 100 克（一块法式巧克力面包的重量为 70 克）。虽然它们又大又重，但飞起来却灵活自如。

更多信息

蜜蜂具有很强的社会性——每个蜂巢约有 3 万到 5 万只蜜蜂！它们的飞行速度很快，每小时可达 30 千米，和小轿车在市区内行驶的速度差不多。

最小的昆虫

你看到它了吗?

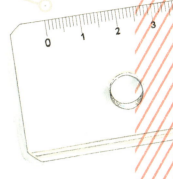

仙女蜂的实际体长

仙女蜂

拉丁学名: *Caraphractus cinctus*

纲: 昆虫纲

这种小型蜂名叫仙女蜂,体长约 0.17 毫米。和所有的同类昆虫一样,它们纤细的翅膀上长着细毛。仙女蜂在小型水生鞘翅目昆虫的卵上寄生。

最长的昆虫

"六足动物"中的巨人!

陈氏竹节虫

拉丁学名: *Phobaeticus chani*

纲: 昆虫纲

陈氏竹节虫是世界上最长的昆虫,仅躯干部分的长度就能达到 35.7 厘米,若再将前足展开并计算在内,总长度可达 56.7 厘米。陈氏竹节虫是 1989 年在加里曼丹岛被发现的。和所有的竹节虫一样,陈氏竹节虫非常善于伪装,人们常将它们与树枝混淆。它们可以数小时保持一个姿势不动。

更多信息

蜜蜂和苍蝇每秒振动翅膀的频率约为 200 次。

冒纳罗亚火山

冒纳罗亚火山位于太平洋上，是一座盾状火山，是夏威夷岛几座火山中的一座。从海底算起，它的总高度为 17 000 米，是世界上最高的火山（海面之上的可见部分高度为 4170 米，水下部分高度约为 5000 米，再加上凹陷在海底的部分，冒纳罗亚火山的总高度约为 17 000 米）。若从最底部算起，这座火山堪称地球上最高的山。冒纳罗亚火山是一座活火山，在过去的 200 年间，共喷发过 35 次。

更多信息

火星上有一座 20 000 米高的盾状火山。

世界上最高的火山

一个真正的巨人！

更多信息

仍在活动的或人类历史上经常作周期性喷发的火山都被称为活火山。法国的奥弗涅火山就是活火山，火山口处形成了巴万湖。它最近一次喷发是在 6700 多年前。

欧洲最高的火山

前方炎热！

埃特纳火山

埃特纳火山是欧洲最高的火山，也是意大利境内最大的火山。正因如此，西西里人才将它称为"蒙吉贝洛"，意为"山中之山"。埃特纳火山海拔约为3323米，随着时间的推移和一次次爆发的积累，它的体积和高度在不断变化中。埃特纳火山有4个火山口，在火山口陡峭的侧壁上，熔岩流动性极强，埃特纳火山因此著称。

更多信息

世界上最活跃的火山是基拉韦厄火山，它位于美国夏威夷岛，自1983年以来，从未停止过喷发。而埃特纳火山则位列第二，自1900年以来，它喷发过80次。位居第三的是法国留尼旺岛的富尔奈斯火山。

暂停呼吸
能力最强的动物

暂停呼吸的纪录保持者！

绿海龟

拉丁学名：*Chelonia mydas*

纲：爬行纲

依靠具有特异功能的肛囊，绿海龟能够在水下暂停使用肺呼吸长达3个小时。绿海龟因脂肪为淡绿色而得名，与体色和背甲颜色无关，因为它们的背甲是褐色的。它们广泛分布在温带和热带海域。

更多信息

棱皮龟（拉丁学名：*Dermochelys coriacea*）是世界上体形最大的龟。

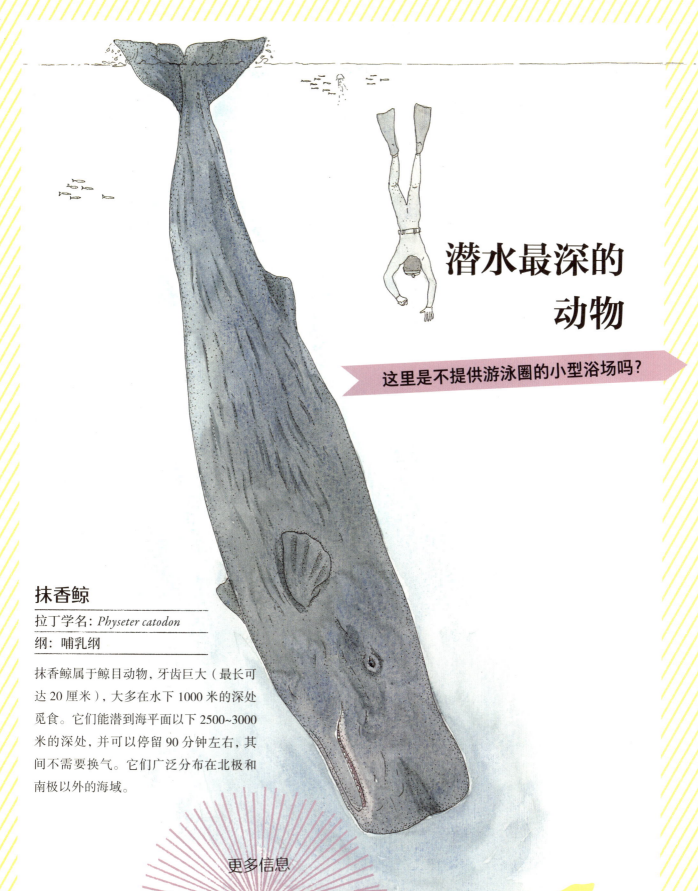

潜水最深的动物

这里是不提供游泳圈的小型浴场吗？

抹香鲸

拉丁学名：*Physeter catodon*

纲：哺乳纲

抹香鲸属于鲸目动物，牙齿巨大（最长可达20厘米），大多在水下1000米的深处觅食。它们能潜到海平面以下2500~3000米的深处，并可以停留90分钟左右，其间不需要换气。它们广泛分布在北极和南极以外的海域。

更多信息

银牌得主
喙鲸可潜至水下1500米的深处。
铜牌得主
象海豹（拉丁学名：*Mirounga leonina*）是鳍足亚目动物（包括海豹、海狮和海象）中体形最大的，能潜至水下1000米的深处。

最高的花朵

它能伸到屋顶!

巨魔芋

拉丁学名: *Amorphophallus titanum*

巨魔芋(又叫泰坦魔芋)原产于印度尼西亚的苏门答腊岛,其花序可达 3 米高。它们散发出腐烂的气味,这种气味能将鞘翅目昆虫引来为它们授粉。我们无法预知巨魔芋的花期,有可能每年开一次,有可能 10 年才开一次,而且每次开花仅持续 2~3 天。

最大的花朵

想用它扎成花束真是一道难题！

阿诺德氏大花草

拉丁学名: *Rafflesia arnoldii*

阿诺德氏大花草（又名大王花）主要分布在马来西亚的深山密林和印度尼西亚的苏门答腊岛，它们在藤本植物上寄生，直径可达 1 米，重达 7~11 千克。这种花无茎、无叶，只有 5 片花瓣。花朵散发出腐肉的气味，这种气味吸引苍蝇为它们授粉。

更多信息

世界上最小的花是水生植物无根萍的花。无根萍又叫芜萍（拉丁学名: *Wolffia arrhiza*），除南极洲外，世界各大洲均有分布。

51

海洋里游得最快的哺乳动物

在它这儿，根本不存在"拖拖拉拉"这回事！

虎鲸

拉丁学名：*Orcinus orca*

纲：哺乳纲

虎鲸（又名逆戟鲸）是所有海豚科动物中体形最大的，它们的游泳速度最快可达每小时 65 千米，平均速度为每小时 15 千米。虎鲸还会纵身跳跃，其尾巴能做出令人叹为观止的动作。它们还会冲上海滩，捕猎海狗等小型猎物。它们广泛分布在世界各大海域中。

猎豹

拉丁学名：*Acinonyx jubatus*

纲：哺乳纲

猎豹在非洲大草原上生活，它们奔跑时，速度可达每小时 120 千米，但仅能以这个速度持续奔跑 1~3 分钟。它们捕猎时的平均奔跑时速为 94 千米。它们能跑得如此之快，是因为它们有颀长的四肢、健硕的肌肉、轻巧的骨骼，以及非常柔韧的脊柱。羚羊是猎豹的猎物之一，而羚羊的最快奔跑速度为每小时 90 千米。

陆地上跑得最快的哺乳动物

根本捉不到它！

更多信息

跳羚（拉丁学名：*Antidorcas marsupialis*）的弹跳距离可达 10 米，奔跑速度达每小时 80 千米，冲刺速度可达每小时 95 千米。跳羚弹跳距离与雪豹（拉丁学名：*Uncia uncia*）齐名。

游得最快的鱼

平鳍旗鱼

拉丁学名：*Istiophorus platypterus*

纲：硬骨鱼纲

平鳍旗鱼的别称是"大海中的丘鹬①（yù）"，体色呈午夜蓝，上颌（吻突）长，并长有高高的背鳍。世界上游得最快的鱼是哪一种？平鳍旗鱼与大西洋蓝枪鱼（拉丁学名：*Makaira nigricans*）难分高下——这两种鱼的游泳速度都能达到每小时 110 千米。

① 丘鹬，为鸻（héng）形目鹬科中的一种，喙长而直，和平鳍旗鱼的吻突相似。——编者注

更多信息

大西洋蓝枪鱼也长有吻突，是大海中的"独行侠"，每天可游 40~70 千米。

飞得最快
的昆虫

瘤虻

拉丁学名：*Hybomitra*

纲：昆虫纲

在 4000 余种虻类昆虫中，瘤虻的体形较大，体长 1.5 厘米，并以飞行速度快而著称——每小时可达 145 千米，是飞行速度最快的昆虫。虻又称马蝇，仅雌性叮咬人畜。

爬得最快的蜘蛛

八足昆虫中的冠军！

壁蜘蛛

拉丁学名：*Tegenaria parietina*

纲：蛛形纲

漏斗蛛科隅蛛属壁蜘蛛的腿很长（是它们体长的 5 倍），因此，它们爬得非常快，每小时能爬 3.5 千米。它们的体长一般为 13 厘米，是法国体形最大的蜘蛛之一。因为浴缸表面十分光滑，壁蜘蛛一旦掉进去，便爬不出来，所以人们经常会在浴缸中看到它们的身影。壁蜘蛛原生地在欧洲。

更多信息

真蛸（又称普通章鱼，拉丁学名：*Octopus vulgaris*）每小时只能游 6 千米，但它们每喷射一次水，便能移动 250 米！这种头足类软体动物游动时，会将腕足收紧，并通过头部后方的漏斗状体管，将外套膜腔内的水排出体外。若将腕足放松，便能停止游动。真蛸遇到危险时会迅速排出水体以作为喷射推进，从而快速逃跑。

飞得最快的鸟

收紧翅膀，俯冲！

游隼

拉丁学名：*Falco peregrinus*

纲：鸟纲

游隼几乎遍布全世界，主要栖息于山地、丘陵，也到村庄附近活动。它们喜欢独来独往，飞行速度为每小时 130~180 千米；俯冲速度可达每小时 320 千米，和高速火车的最高限速相当！这种猛禽巡猎时，时而快速拍动翅膀，时而滑翔，锁定目标后，迅速俯冲而下，攫住猎物。游隼捕食鸽子、野鸭、海鸥等。

世界上最大的蛋是鸵鸟蛋——平均高度为16厘米，宽13厘米，重量在750克到1.6千克之间。

更多信息

非洲鸵鸟

拉丁学名：*Struthio camelus*

纲：鸟纲

非洲鸵鸟最重可达150千克，体长约2.5米，不会飞行。但它们具备哺乳动物在地面奔跑的能力，是跑得最快的鸟类——平均速度为每小时50千米，最快可达每小时70千米。鸵鸟的双足上长着有力的二脚趾，双腿柔韧；奔跑时，内脚趾可为它们的双腿提供强有力的支撑。雄性非洲鸵鸟长着黑色的羽毛，雌性非洲鸵鸟长着灰褐色的羽毛（又见第36页）。

跑得最快的鸟

跑起来吧，我的宝贝大鸟！

更多信息

非洲鸵鸟的眼睛非常大，长度达5厘米，占据了头部的2/3。因此，它们的视觉极好，能看到3.5千米之外正在移动的物体，且视角广，能看到四周的景象。

爬得最慢的动物

蛞蝓 (kuòyú)

涵盖很多物种

纲: 腹足纲

蛞蝓每分钟能向前爬行约 3 厘米。蛞蝓的体背前端长有外套膜,外套膜下长着盾板,盾板和外套膜的重量可以帮助它们附着在物体表面。当它们向前爬行时,与物体表面接触的肌肉会一伸一缩,犹如它们的"脚"。

蜗 牛

涵盖很多物种

纲: 腹足纲

蜗牛与蛞蝓一样,也是腹足纲动物,不同的是,蜗牛有壳。蜗牛腹足上的腺体能分泌一种黏液,这种黏液能让蜗牛爬得更快些,它们每分钟能向前爬行约 8 厘米。依靠这种黏液,蜗牛也能附着在垂直的墙壁上。

爬得最慢的哺乳动物

慢条斯理，稳稳当当！

披毛目动物

涵盖很多物种

纲：哺乳纲

披毛目动物生活在美洲热带地区，这些动物〔图中所画的是树懒科中的一种——白喉三趾树懒（拉丁学名：*Bradypus tridactylus*）〕行动起来非常缓慢。它们靠爪子倒挂在树枝上，每分钟在树上移动 3 米左右。披毛目动物在地面上爬行时异常艰难，却是游泳的一把好手。另外，它们每天的休息时间是 15~20 小时。

最高大的树

北美红杉

拉丁学名: *Sequoia sempervirens*

北美红杉又称常青红杉,原产地在美国加利福尼亚州,高度可达110米,相当于40层楼的高度,树冠与埃菲尔铁塔的第三层同高。这种树一般生长在美国太平洋海岸极其湿润且多雾的山谷中。北美红杉的树枝生长在树干1/3或1/2以上的部分。北美红杉雌雄同株,既有雄球花(淡黄色球果,2毫米长),也有雌球花(淡绿色球果,4毫米长)。中国有引种栽培北美红杉,但很少能长到50米以上。

更多信息

北美红杉的种子重1克,仅仅一粒种子便能长成一棵多天大树。雌球花里的种子不时,需要将它们种在距离北美红杉所有200粒。种植北美红杉时,米之外的地方,因为它们的根系不仅生长迅速,而且延伸得很远!

银桉佳主

澳大利亚杏仁桉(拉丁学名: *Eucalyptus regnans*)是世界上最高的阔叶树,高度可达100米。

60

爬得最慢的哺乳动物

披毛目动物

涵盖很多物种

纲：哺乳纲

披毛目动物生活在美洲热带地区，这些动物［图中所画的是树懒科中的一种——白喉三趾树懒（拉丁学名：*Bradypus tridactylus*）〕行动起来非常缓慢。它们靠爪子倒挂在树枝上，每分钟在树上移动3米左右。披毛目动物在地面上爬行时异常艰难，却是游泳的一把好手。另外，它们每天的休息时间是15~20小时。

最大的果实

用它当食材，能做成一大盘菜！

波罗蜜

波罗蜜树的果实

拉丁学名：*Artocarpus heterophyllus*

波罗蜜又称木波罗，味道甜美，原产于印度，现大部分热带地区都有种植，聚花果重达25千克，长约70厘米。这种水果可以食用，未成熟的果肉能做成菜肴，成熟之后果肉既可生吃，又可做成果酱享用。果仁生吃有毒，可煮熟食用。注意不要将波罗蜜树与面包树的果实混淆哦。

最重的种子

它应该整个儿吃！

巨子棕的果实

拉丁学名：*Lodoicea maldivica*

巨子棕是非洲塞舌尔特有的一种棕榈树，它的果实长40~50厘米，重达15~30千克，种子就重9千克，因其形状酷似臀部，故而又被称为臀形野果。巨子棕的果实需在树上生长5~7年才能成熟，果肉可以食用。

更多信息

苔麸（拉丁学名：*Eragrostis tef*）的种子是世界上最小的种子——它的长度约0.5毫米，一整穗种子的长度约6毫米。苔麸是一种谷物，生长在埃塞俄比亚和厄立特里亚。

最甜的果实

小心龋齿！

海枣的果实

拉丁学名：*Phoenix dactylifera*

海枣的果实一簇一簇地生长在树上，每簇上面长着近 100 颗。海枣的果实可以直接吃，也可以晒干后食用。它们的含糖量比其他的水果高 2 倍，能为人体提供充足的能量。

维生素含量
最高的果实

它能让人能量满满！

费氏榄仁果

拉丁学名：*Terminalia ferdinandiana*

费氏榄仁原产于澳大利亚，是一种会开花的树，费氏榄仁果的维生素 C 含量是橙子的 50 倍！果实类似杏仁，呈黄绿色，长 2 厘米，直径约 1 厘米。这种果实可以做成果酱食用。

索 引